Radio Frequency Identification. Ein kurzer Einblick in die RFID-Technologie

Onur Güldali

Bibliografische Information der Deutschen Nationalbibliothek:

Die Deutsche Nationalbibliothek verzeichnet diese Publikation in der Deutschen Nationalbibliografie; detaillierte bibliografische Daten sind im Internet über http://dnb.d-nb.de abrufbar.

ISBN: 9783346370617
Dieses Buch ist auch als E-Book erhältlich.

FOM Hochschule für Oekonomie und Management Essen

Standort Duisburg

Berufsbegleitender Studiengang Wirtschaftsinformatik

Hausarbeit über das Thema

Einblick in die Grundlagen und Anwendungsfelder der RFID-Technologie

Autor: Onur Güldali

Abgabedatum: 11.06.2017

Inhaltsverzeichnis

Abkürzungsverzeichnis...III

Abbildungsverzeichnis...IV

Tabellenverzeichnis... V

1 Einleitung...1

   1.1 Problemstellung...1

   1.2 Zielsetzung und Aufbau der Arbeit...1

2 Definition und Technische Grundlagen RFID....................................3

   2.1 Was ist RFID eigentlich genau?...3

   2.2 Funktionsweise von RFID..3

   2.3 Das Lesegerät...4

   2.4 Der Transponder...5

3 Anwendungsfelder...6

   3.1 Die acht Anwendungsfelder von RFID-Systemen.........................6

   3.2 Beispiel 1: Landwirtschaftliche Nutztiere und der Tierschutz.........8

   3.3 Beispiel 2: Personenidentifikation bei Skigebieten....................9

4 Schlussbetrachtung...10

   4.1 Wirtschaftliche Aspekte von RFID-Systemen...........................10

   4.2 Risiken (Datenschutz und Privatsphäre)...............................11

   4.3 Fazit...11

Literatur- und Quellenverzeichnis...13

Abkürzungsverzeichnis

WM   Weltmeisterschaft

IBM   International Business Machines

Abbildungsverzeichnis

Abbildung 1: Aufbau eines RFID-Systems..4

Abbildung 2: RFID Anbringungsmöglichkeiten am Rind 8

Abbildung 3: Einsatz von RFID-Komponenten am Zugang zum Skilift   9

Tabellenverzeichnis

Tabelle 1: Mögliche Anwendungsfelder von RFID 3

1 Einleitung

1.1 Problemstellung

Radio Frequency Identification, fortlaufend abgekürzt mit RFID, ist eine Technik, deren Grundlage im Jahr 1922 mittels der Radar- und Radiowellentechnik, geschaffen wurde. Die Radartechnik hat es möglich gemacht, durch die Reflexion von ausgestrahlten Radiowellen die Geschwindigkeit und die Lokalität eines Objektes zu erfassen. Selbst im zweiten Weltkrieg wurde dieses Verfahren genutzt, britische Streitkräfte waren dadurch in der Lage, ihre eigenen Flugzeuge von fremden Flugzeugen über eine Entfernung von 25 Meilen zu unterscheiden. In den späten 60ern und frühen 70ern wurde die Entwicklung dieser Technologie durch das Militär vorangetrieben. Hier wurde das RFID Verfahren zum größten Teil für Zutritts- und Berechtigungskontrollen angewandt, um damit die Sicherheitsmaßnahmen zu fördern. Im Jahr 1977 wurde die RFID-Technologie vom Militär für den zivilen Bereich freigegeben. Die Universität von Chicago wandte 1978 diese Technologie an einer Milchkuh an. Dies wurde zur Analyse und Identifizierung des Tieres eingesetzt. Zusätzlich konnte sowohl der Eisprung des Tieres als auch der Gesundheitszustand oder die Körpertemperatur überwacht werden. Selbst die Überfütterung des Tieres wurde damit verhindert. RFID hatte sich in den 80ern bereits auf die verschiedensten Anwendungsfelder ausgebreitet. Im Jahr 1984 wurde die erste Serienproduktion für RFID- Geräte gestartet. Die ersten industriellen Anwendungen folgten 1988 und seit-dem steigt das Marktwachstum stetig an.[1]

1.2 Zielsetzung und Aufbau der Arbeit

Im Rahmen dieser Hausarbeit wird auf Basis der derzeitig publizierten Quellen, die Funktionsweise und aktuelle Anwendungsfelder der RFID-Technologie vor- gestellt. Der Schwerpunkt liegt darin, den wirtschaftlichen Nutzen und die Risi- ken dieser Technologie zu erläutern.

---

[1]Vgl. Franke, Werner, Dangelmaier, Wilhelm (Hrsg.) (2006), S.10f.

Diese Arbeit ist in vier Hauptkapitel eingeteilt. Im ersten Kapitel wurde im Rahmen der Einführung, die Geschichte zu RFID vorgestellt. Im weiteren Verlauf werden im zweiten Kapitel, die Grundlagen zu dem Thema RFID definiert. In diesem Rahmen wird auch die Funktionsweise dieser Technik erläutert. Das dritte Kapitel befasst sich mit den Anwendungsfeldern der RFID-Technologie und stellt mögliche Praxisbeispiele vor. Das vierte und somit letzte Kapitel dieser Arbeit, befasst sich mit der Zusammenfassung der Ergebnisse. Dazu wird zunächst der Kosten- und Nutzenfaktor gegenübergestellt und danach die Risiken von RFID näher betrachtet. Das Gesamtergebnis dieser Arbeit wird in einem abschließenden Fazit festgehalten.

2 Definition und Technische Grundlagen RFID

2.1 Was ist RFID eigentlich genau?

RFID ist eine Technologie, die zur Übertragung von Informationen zwischen zwei Endgeräten genutzt wird. Dabei erfolgt der Informationsaustausch zwischen einem Datenträger (Transponder) und einem Schreib-/Lesegerät (Scanner) drahtlos über die Luft. Die zentrale Einheit eines Transponders ist ein Mikrochip. Auf diesem Mikrochip werden Informationen über Objekte gespeichert. Sobald sich der Transponder im Empfangsbereich des Lese-/Schreibgerätes befindet, wird er durch das elektromagnetische Feld des Schreib-/Lesegerätes aktiviert. Eine Spule im Transponder dient hier als Antenne und hat die Aufgabe die Informationen an das Lese/-Schreibgerät zu übertragen. Das Kunstwort *Transponder* ergibt sich aus den wechselnden Aktivitäten von Senden und Empfangen und setzt sich aus den Wörtern *TRANSmitter* und *resPONDER* zusammen.[2]

Wie bereits in der Einleitung erwähnt ist die RFID-Technologie auf verschiede- ne Anwendungsfelder verteilt. Einige dieser Beispiele sind in der nachfolgenden Tabelle aufgelistet.

Ticketing	Security	Tracking/Tracing Inventur
• Maut Gebühren • Pay on Scan • Sport-Events	• Echtzeitzertifikate • Zutrittskontrollen • Wegfahrsperre PKW	• Ausleihsysteme • Fluggepäck • Lagerverwaltung

Tabelle 1: Mögliche Anwendungsfelder von RFID[3]

2.2 Funktionsweise von RFID

Das RFID-System wird aus zwei Komponenten, einem Transponder und einem Schreib-/Lesegerät zusammengesetzt. Das RFID-Schreib/-Lesegerät hat die Aufgabe kontinuierlich elektromagnetische Signale zu senden.

---

[2]Vgl. Franke, Werner, Dangelmaier, Wilhelm (Hrsg.) (2006), S.8f.
[3]Vgl. Franke, Werner, Dangelmaier, Wilhelm (Hrsg.) (2006), S.9.

Wenn sich ein Transponder in Reichweite befindet wir es aktiviert und in diesem Fall sendet der Transponder seine Informationen an das Schreib-/Lesegerät weiter. Es ist aber auch möglich, dass das Schreib-/Lesegerät Informationen sendet die vom Transponder gespeichert werden. Das Lesegerät ist über eine Netzwerkverbindung oder über eine serielle Schnittstelle mit einem Computer verbunden. Auf diesem Computer findet die Steuerung und Verarbeitung der Informationen, durch den Einsatz von Software und Datenbanken statt.[4]

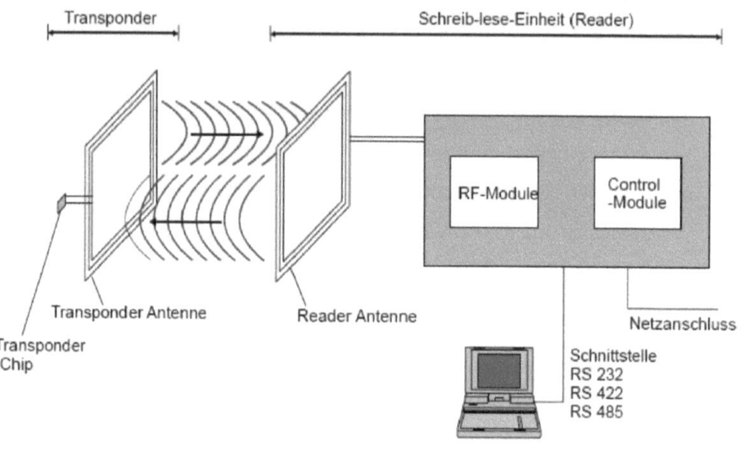

Abbildung 1: Aufbau eines RFID-Systems[5]

2.3 Das Lesegerät

Bei RFID wird zwischen Schreib-/Lesegerät und Lesegerät unterschieden. Die Geräte bestehen aus einer Kontrolleinheit, einem Hochfrequenzmodul (Sen- de/Empfänger) und aus einem Koppelelement (Antenne). Zusätzlich zu den Funktionen eines reinen Lesegerätes kann ein Schreib-/Lesegerät die Informationen auf einem Transponder modifizieren.[6]

---

[4]Vgl. Zahn, Simone (2007), S.7.
[5]Entnommen aus: Zahn, Simone (2007), S.17.
[6]Vgl. Zahn, Simone (2007), S.16.

2.4 Der Transponder

Ein Transponder hat die Aufgabe, die Radiowellen, die von der sendenden Station ausgehen, zu empfangen. Der Transponder besteht aus einer Antenne, welches die Signale entgegennimmt und einem Mikrochip, dass wiederum aus einem Prozessor und einem Speicher besteht. [7] RFID-Transponder werden grundsätzlich in drei unterschiedlichen Arten angeboten:[8]

- aktive: Diese Transponder besitzen eine eigene Energieversorgung. Die Batterie versorgt den Mikrochip nur mit Energie, wenn das Gerät durch ein Signal aktiviert wird. Ansonsten ist der Mikrochip im Stand-by-Modus.

- passive: Dieser Transponder erhält die Energie, die zur Aktivierung des Transponders notwendig ist, aus dem elektromagnetischen Feld, dass von der Sende-/Empfangsantenne erzeugt wird. Es besitzt keine eigene Energieversorgung.

- semi-aktive/passive: Diese Art von Transpondern besitzt eine Energiequelle die zum Betrieb des Mikrochips benötigt wird. Um einen Transponder zu aktivieren, wird hier auf die Funktionsweise von passiven Transpondern zurückgegriffen. Die Energiequelle wird aber nicht zum Senden von Informationen genutzt.

---

[7] Vgl. Zahn, Simone (2007), S.16.
[8] Vgl. Bundesnetzagentur (o.J.), S.3.

3 Anwendungsfelder

3.1 Die acht Anwendungsfelder von RFID-Systemen

Die Anwendungsfelder von RFID-Systemen sind vielfältig und je nach Bedarf können unterschiedliche Anforderungen an das System gestellt sein. Aus diesem Grund wurde die Initiative *Coordinating European Efforts for Promoting the European RFID Value Chain, kurz CE RFID* entwickelt. Durch diese Initiative wurde ein Referenzmodell ins Leben gerufen, das zur Klassifizierung von RFID- Anwendungen genutzt wird. Das Referenzmodell ist in objektbezogene und personenbezogene Kategorien mit acht Anwendungsgebieten unterteilt.[9]

- Feld 1 – Logistik: Anwendungen in der Logistik werden in die Unterkategorien interne Logistik, geschlossene und offene Anwendungen, postalische Anwendungen, Gefahrgutlogistik und Produktionslogistik differenziert. Ein interessanter Ansatz im Einzelhandel ist zum Beispiel, das Auf- füllen von Regalen durch den Einsatz von RFID.[10]

- Feld 2 – Produktion: Hier werden Bereiche der Produktion, der Überwachung und der Wartung abgedeckt. Diese Segmente teilen sich wiederum auf in Archivierungssysteme, Facility Management, Automatisierung, Prozesskontrolle sowie Fahrzeuge, Flugzeuge und Konsumgüter wie Nahrungsmittel.

- Feld 3 – Produktionssicherheit, -qualität und -information: Hier wird die RFID-Technologie bei Konsumgütern, Elektronikartikel, Bekleidung, Nahrungsmittel, Drogerieartikel und bei Kundeninformationssystemen eingesetzt.[11]

---

[9]Vgl. Tamm, Gerrit, Tribowski, Christoph (2010), S.41. [10]Vgl.
Tamm, Gerrit, Tribowski, Christoph (2010), S.41f. [11]Vgl.
Tamm, Gerrit, Tribowski, Christoph (2010), S.42.

- Feld 4 – Zugangskontrollen: Dieser Anwendungsbereich beschreibt die Verwendung von RFID im Rahmen von Zugangskontrollen und bei der Verfolgung von Personen. Ein Beispiel hierfür ist der Einsatz von RFID auf den Eintrittskarten der Fußball WM 2006 in Deutschland.[12]

- Feld 5 – Chipkarten: Diese Kategorie umfasst Chipkarten, wie zum Bei- spiel Kundenkarten oder Bankkarte, die mit RFID-Transpondern ausgestattet sind. Des Weiteren fallen RFID-Basierte Zahlungsfunktionen, in diese Kategorie.

- Feld 6 – Gesundheit: In diesem Bereich werden alle Anwendungen im Bereich des Gesundheitswesens zusammengefasst. Dazu zählen die Unterstützung von Menschen mit Behinderungen, das Managen von Krankenhäusern, die Verwaltung von Implantaten und die Überwachung von Körperfunktionen.

- Feld 7 – Sport, Freizeit und Haushalt: In dieser Kategorie sind alle Anwendungen platziert, die in der Freizeit oder im heimischen Umfeld ein- gesetzt werden können. Dazu zählt die Zeitmessung bei Sportveranstaltungen (Beispiel: Marathon), die Unterstützung von Schiedsrichterentscheidungen (Beispiel: Ball hinter der Torlinie), die Ausleihe von Büchern (Beispiel: Bibliothek) oder der Einsatz im intelligenten Haus (Beispiel: intelligenter Kühlschrank).[13]

- Feld 8 – Öffentliche Zwecke: Hier drunter Fallen alle Anwendungsfelder aus dem öffentlichen Leben. Dazu gehört unter anderem der Einsatz der RFID-Technologie in Mautgebührensystemen oder in Personalausweisen sowie in elektronischen Gesundheitskarten.[14]

---

[12]Vgl. Tamm, Gerrit, Tribowski, Christoph (2010), S.42f. [13]Vgl. Tamm, Gerrit, Tribowski, Christoph (2010), S.43. [14]Vgl. Tamm, Gerrit, Tribowski, Christoph (2010), S.43f.

3.2 Beispiel 1: Landwirtschaftliche Nutztiere und der Tierschutz Die

elektronische Kennzeichnung von landwirtschaftlichen Nutztieren unter- scheidet sich von anderen Tierkennzeichnungen, da es unterschiedliche Anforderungen hat. Der Hauptunterschied liegt darin, dass diese Tiere auf den Schlachthof zu Nahrungsmitteln weiter verarbeitet werden. Zu diesem Zweck müssen die Kennzeichnungen vom oder aus dem Körper des Tieres entfernt werden. Damit die Kennzeichnungsmittel am Tier nicht verloren gehen, muss eine optimale Anbringungsstelle gewählt sein. Um geeignete Stellen zu ermit- teln, wurden umfangreiche Untersuchungen an 1 Millionen Tieren (Rinder, Schafe, Ziegen) durchgesetzt.[15] Im folgenden Abbild sind Anbringungsmöglich- keiten am Rind dargestellt.

Abbildung 2: RFID Anbringungsmöglichkeiten am Rind[16]

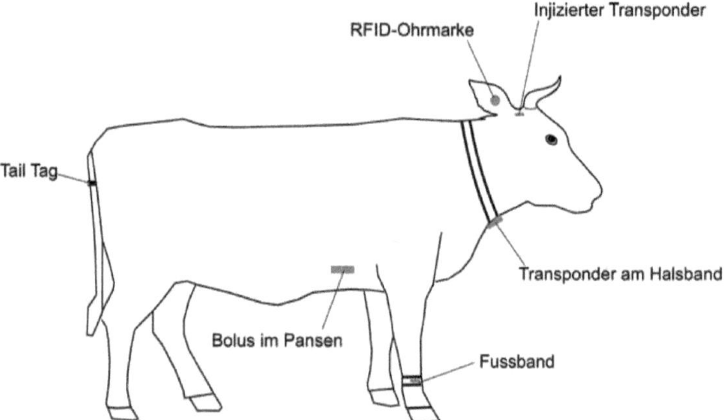

Innerhalb der EU sind häufige, zu lange und nicht tiergerechte Transporte von Tieren immer wieder kritisiert worden. RFID kann diese Art von Transporten zwar nicht verhindern jedoch reduzieren. Durch den Einsatz von kompatiblen RFID-Systemen über die gesamte Transportkette, ist es möglich nicht tiergerechte Prozesse und damit verantwortliche Personenen zu identifizieren.[17]

---

[15]Vgl. Kern, Christian (2007), S.105f. [16]Entnommen aus: Kern, Christian (2007), S.106. [17]Vgl. Kern, Christian (2007), S.117f.

3.3 Beispiel 2: Personenidentifikation bei Skigebieten

In Skigebieten beziehungsweise Sportveranstaltungen wird RFID umfangreich eingesetzt. Bei der Personalidentifikation in Skigebieten, sind die wichtigsten Anforderungen an RFID-Systemen, die Verwaltung von Zugangskontrolle zum Skilift, Hotelzimmer und zu Wellnessbereichen. Der Einsatz von RFID führt am Skilift zu stark reduzierten Wartezeiten. Bei Skiliften mit Drehkreuzen können Benutzer bei korrekter Registrierung einfach durch das Drehkreuz gehen. Dazu müsste zum Beispiel keine Kontaktkarte erst aus der Tasche geholt werden, um den Skilift zu passieren. Dazu können Transpondern in Form von Armbanduhren angebracht oder in einem Handschuh integriert sein. Damit die Signalübertragung zwischen Transponder und Schreib-/Lesegerät am Skilift nicht durch nebeneinander liegende Antennen gestört wird, sind die Antennen an den Schreib-/Lesegeräten synchronisiert.[18]

Abbildung 3: Einsatz von RFID-Komponenten am Zugang zum Skilift[19]

---

[18]Vgl. Kern, Christian (2007), S.121f.
[19]Entnommen aus: Kern, Christian (2007), S.122.

4 Schlussbetrachtung

4.1 Wirtschaftliche Aspekte von RFID-Systemen

Im dritten Kapitel wurden verschiedene Anwendungsbeispiele für RFID- Systeme vorgestellt und der dadurch resultierende Nutzen dargestellt. Bevor ein Unternehmen RFID einführt, wird zunächst das Kosten-Nutzen-Potenzial herangezogen. Dazu werden zum Beispiel Kalkulatoren von IBM genutzt, welche bei der Auswertung, die individuelle Lage der Unternehmen berücksichtigt.[20] Der Einsatz eines RFID-Systems kann sich aus wirtschaftlicher Sicht so- wohl auf die Qualität eines Prozesses als auch auf die Quantität auswirken.[21] Die Kosten zum Einsatz eines RFID-Systems sind abhängig von der Struktur des Unternehmens und von den individuellen Anforderungen. Für ein vollständiges RFID-System sind für Unternehmen Transponder, Lesegeräte und eine Datenbank notwendig. Die Beschaffungskosten sind von der Anzahl und der Art der Transponder und Lesegeräte abhängig. [22] Die nachfolgende Auflistung fasst die pauschalen Kosten der RFID-Geräte zusammen:[23]

* Transponder: 0,30 – 35 Euro / Stück
* Lesegeräte: 50 – 5.000 Euro / Stück
* Antennen: 15 – 5.000 Euro / Stück
* Kabel: 7 Euro

Neben diesen Kosten entstehen für das Unternehmen weitere Kosten zur Instandhaltung des Systems und zur Verwaltung und Anpassung der Software. Diese Kosten können nicht pauschalisiert werden und sind abhängig vom Know-how des Unternehmens.[24]

---

[20]Vgl. Hahndorf, Marc O. (2009), S.22.
[21]Vgl. VLB (2008), S.29.
[22]Vgl. Hahndorf, Marc O. (2009), S.22.
[23] Vgl. RFID-Basis (o.J.), URL: http://www.rfid-basis.de/kosten.html (letzter Zugriff: 06.06.2017 16:00 Uhr).
[24]Vgl. Vgl. Hahndorf, Marc O. (2009), S.23.

4.2 Risiken (Datenschutz und Privatsphäre)

Die passive RFID-Partei, zum Beispiel ein Kunde bekommt vom RFID-Betreiber mit Transpondern gekennzeichnete Objekte zugewiesen. Dabei hat die passive Partei keine durchsicht darüber, was mit den Informationen auf dem RFID- Transponder geschieht. Die Bedrohung kann vom RFID-Betreiber oder von Drittparteien ausgehen und Auswirkungen auf die Privatsphäre und den Datenschutz des Kunden haben. Der RFID-Betreiber könnte zum Beispiel gegen das geltende Datenschutzrecht verstoßen, indem er die sensiblen Kundendaten ohne Wissen der betroffenen Person weitergibt. Ein ähnlicher Fall könnte Auf- treten, wenn eine dritte unautorisierte Partei sich durch gezielte Angriffe Zugang zu den sensiblen Daten verschafft. In beiden Fällen würden die Kundendaten ohne Zustimmung des Betroffenen in fremde Hände gelangen. [25] Wenn ein RFID-Transponder über einen längeren Zeitraum im Besitzt einer Person ist, können sogar Verhaltensmuster erstellt werden. Durch den immer häufigeren Einsatz von RFID-Systemen, wird die Privatsphäre gefährdet und die Möglich- keit des Trackings immer einfacher.[26]

4.3 Fazit

Obwohl die Grundlage für heutige RFID-Systeme bereits vor Jahrzehnten geschaffen wurde, bietet diese Technologie immer noch Weiterentwicklungspotentiale. Durch die automatische Erfassung von Informationen entlang der Produktions- und Versorgungskette können Prozesse effizienter gestaltet werden, wodurch der Umsatz von Unternehmen steigt. Durch die Erfassung der Informationen in Echtzeit lassen sich Optimierungspotentiale aufdecken und dadurch stehen Kosten und Nutzen von RFID-Systemen in einem positiven Verhältnis.[27] Der Umsatz von RFID-Transpondern soll weltweit ein Volumen von 21,9 Milliarden US-Dollar bis zum Jahr 2020 erreichen.[28] Zu beachten ist jedoch, dass die RFID-Technik wegen kleiner Abmessungen für den Verbraucher kaum sichtbar

---

[25] Vgl. BSI (2005), S.41.
[26] Vgl. BSI (2005), S.42.
[27] Vgl. Franke, Werner, Dangelmaier, Wilhelm (Hrsg.) (2006), S.278f.
[28] Vgl. Statista (2017), URL: https://de.statista.com/statistik/daten/studie/295354/umfrage/umsatzprognose-auf-dem-weltmarkt-fuer-rfid-tags/ (letzer Zugriff: 06.06.2017 16:05 Uhr).

an verschiedene Objekte angebracht werden kann. Auch Lesegeräte können an alltägliche Gegenstände unauffällig angebracht sein, zum Beispiel an einem Türrahmen. Somit könnten Informationsflüsse ohne die Kenntnisnahme des Verbrauchers stattfinden. Dadurch resultiert die Gefahr, dass der Datenschutz von Personen gefährdet wird und das es dritten Parteien ermöglicht wird, elektronische Informationen von Personen zu manipulieren oder abzugreifen.[29]

---

[29] Vgl. Dr. Dickert, Thomas (2010), URL:
http://www.vis.bayern.de/daten_medien/datenschutz/rfid.html (letzter Zugriff: 06.06.2017 16:15 Uhr).

Literatur- und Quellenverzeichnis

Monographien

BSI (2008)
Bundesamt für Sicherheit in der Informationstechnik (BSI): Risiken und Chancen des Einsatzes von RFID-Systemen, Bonn 2005

Bundesnetzagentur (o.J.)
Bundesnetzagentur: RFID, das kontaktlose Informationssystem, Bonn

Franke, Werner, Dangelmaier, Wilhelm (Hrsg.) (2006)
Franke, Werner, Dangelmaier Wilhelm (Hrsg.): RFID-Leitfaden für die Logistik - Anwendungsgebiete, Einsatzmöglichkeiten, Integration, Praxisbeispiele, Gabler Verlag, Wiesbaden 2006

Hahndorf, Marc O. (2009)
Hahndorf, Marc O.: Die Zukunft der RFID-Technologie: Spannungsfeld zwischen Theorie und Praxis, Igel Verlag GmbH, Hamburg 2009

Kern, Christian (2007)
Kern, Christian: Anwendung von RFID-Systemen, 2. Auflage, Springer-Verlag, Berlin Heidelberg 2007

Tamm, Gerrit, Tribowski, Christoph (2010)
Tamm, Gerrit, Tribowski, Christoph: RFID, Springer-Verlag, Berlin Heidelberg 2010

VLB (2008)
Versuchs- und Lehranstalt für Brauerei in Berlin (VLB) e.V.: Kosten-Nutzen-Analyse für ein RFID -basiertes Fassidentifikationssystem in der deutschen Brauindustrie, Berlin 2008

Zahn, Simone (2007)
Zahn, Simone: Einsatzmöglichkeiten von RFID in Bibliotheken, Band 16, Dinges & Frick GmbH, Wiesbaden 2007

Internet Quellen

Dr. Dickert,
Thomas (2010)

Dr. Dickert, Thomas, Chancen und Risiken durch Funkwellenidentifikation (RFID), URL: http://www.vis.bayern.de/daten_medien/datenschutz/rfid.html (zuletzt aufgerufen: 06.06.2017 16:15 Uhr), München 2010

RFID-Basis (o.J.)

RFID-Basis: Kosten von RFID-Systemen, URL: http://www.rfid-basis.de/kosten.html (zuletzt aufgerufen: 06.06.2017 16:00 Uhr), o.O o.J

Statista (2017)

Statista: Prognose zum weltweiten Umsatz mit RFID-Transpondern bis zum Jahr 2020 (in Milliarden US-Dollar), URL: https://de.statista.com/statistik/daten/studie/295354/umfrage/umsatzprognose-auf-dem-weltmarkt-fuer-rfid-tags/ (zuletzt aufgerufen: 06.06.2017 16:05 Uhr), Hamburg 2013